キタヒメアメンボの生息地
7月19日津別町上里

はじめに

春の日をいっぱい受けた日当たりの良い石の上などに、越冬していたクジャクチョウが翅を広げる頃になると、林道の縁などに雪解け水でできた水たまりに、アメンボの姿が見られるようになる。アメンボは成虫越冬です、落ち葉や石の下などで眠るようにして冬を過ごしていたアメンボが、暖かさに誘われて水を求めて出てきたのです。

5月に入ると公園の池、湖の入り江、林道の水たまりや側溝、小川のよどみ、穏やかな流れなど、いたるところの水面にアメンボの姿を見ることができる。このおなじみの昆虫をアメンボと呼ぶことはよく知られているが、北見地方にどんな種類が生息しているのか詳しく調べた記録はなかった。

北網圏北見文化センターの水生昆虫調査を2005年より始めて今年で7年、北見地方には9種類のアメンボの生息が確認できた。アメンボは大きさ、色、生息場所で見当のつく種類もあるが正確に調べるには、採集してその特徴を確認しなければならない。アメンボを少しでも正確に同定できる参考資料になればと考え、調査で調べた特長、生態をもとに、図鑑、文献を引用させていただき、北見のアメンボの種類を小冊子にまとめた。アメンボを調べるのに利用し、自然に親しむ手助けになれば幸いです。

5月14日北見市富里　エゾコセアカアメンボ

2011年11月　　著　者

目　　　次

アメンボはどんな昆虫

アメンボは昆虫分類ではカメムシ(半翅)目アメンボ科に属する昆虫です。植物の葉や花の上でよく見かけるあのいやな臭いを出すカメムシと同じ仲間で生活が良く似ています、大きな違いはカメムシは陸上で生活するのに適しているが、アメンボは水面生活に適した形態をもつことです。

口器は針状で水面に落ちた昆虫などの体液を吸収する。体と長い脚は水をはじく短い毛があり、水面に浮いて行動するのに適している。翅は同じ種類で長翅、短翅あるいは微翅など長さの違った個体が生じる。不完全変態で幼虫は成虫を小さくしたような体で、成虫と一緒に水面生活をしている。

アメンボという名前はあめのような臭いを出して、体が棒のように細長いことからアメンボウと呼ばれていたのが、アメンボと言われるようになったということで、「甘い臭い」と言えるかどうか表現はむずかしいが、敵から身を守るためにカメムシと同じように臭いを出す。

和名・学名　川合禎次・谷田一三共編　日本産水生昆虫科・属・種への検索[第二版]　東海大学出版部に準拠した。

アメンボ各部位の名称

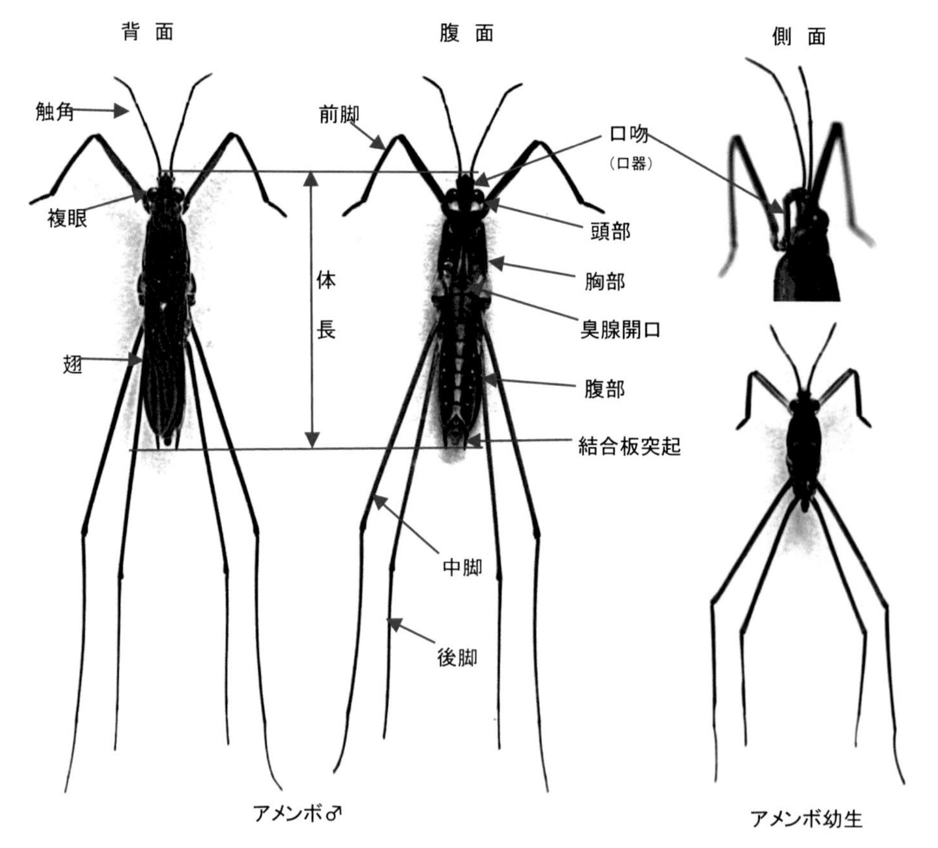

体の大きさの表し方

体　長-----頭頂から尾端までの長さ。結合板突起をふくみ、長翅の場合は翅端までとする。

アメンボ(アメンボ科 Gerridae)の分類

このページの写真は実物大です。♂は♀より一般的に小さいので、♂で比較した。
大きい、中くらい、小さいと体長で分けたが、種によって大きさに少しの違いがある。
このページ以外の種の説明項目の写真は拡大しているので大きさは一定でない。

1, 体は細長く大きい、結合板突起(——▶)はとげ状で長い。

アメンボ属(*Aquarius*)

1−A　アメンボ *Aquarius paludum* (Fabricius)……………………P.5
　池や沼の開けた水面、小川のよどみや流れの弱い水面に、もっとも普通に見られる。

セアカアメンボ属(*Limnoporus*)

1−B　セアカアメンボ *Limnoporus genitalis* (Miyamoto)…………P.6
　池や沼の水面に見られるが、北見地方にはほとんど生息しない。
　背中は赤みが強い。

アメンボ♂

2, 体は細長く中くらい、結合板の後部は突出するが短い。-----P.14参照

ヒメアメンボ属(*Gerris*) *Macrogerris*亜属

2−A ヤスマツアメンボ *Gerris* (*Macrogerris*) *insularis* (Motschulsky)‥‥P.7
　池や沼の水面、小川のよどみに普通に見られる。

2−B エゾコセアカアメンボ *Gerris* (*Macrogerris*) *yezoensis* Miyamoto‥P.8
　池や沼の水面、小川のよどみ、林道の側溝やたまり水に見られる。

2−C コセアカアメンボ *Gerris* (*Macrogerris*) *gracilicornis* (Horváth)‥‥P.9
　池や沼の水面、小川のよどみ、林道の側溝やたまり水に見られる。

注意−この3種は混生し、生息場所での区別は不可能である。

エゾコセア
カアメンボ
♂

3, 体は細長く小さい、オスは第7腹板後縁中央が湾入する、メスは結合板の後部は尖る。-----------------------------------P,15参照

ヒメアメンボ属(*Gerris*) *Gerris*亜属

3−A　ヒメアメンボ *Gerris* (*Gerris*) *latiabdominis* Miyamoto…………P.10
　水草や浮遊物のある池、沼に最も普通に見られる。

3−B　ババアメンボ *Gerris* (*Gerris*) *babai* Miyamoto………………P.11
　ヨシ等の茂る池、沼に生息するが、生息地は限られる。

3−C　キタヒメアメンボ *Gerris* (*Gerris*) *lacustris* (Linnaeus)………P.12
　山間部の沼などに生息するが、生息地は限られている。

ヒメアメンボ♂

4.　体は三角状で小さい、黄色と黒のしまがある。

シマアメンボ属(*Metrocoris*)

4−A　シマアメンボ *Metrocoris histrio* (White)……………………P.13
　谷川のよどみ、緩やかな流れに生息する。

シマアメンボ♂

アメンボ属

1ーA　アメンボ

Aquarius paludum (Fabricius)

池や沼の静かな水面に多く生息し、川のよどみ、少し流れのある水面、常呂川など大きい川のよどみなどにも春から秋まで普通に見られる。北見地方では一番大きい種類で、開けた静かな水面をゆうゆうと泳いでいるので他のアメンボ類とは区別できる。

- 体長11～16㎜。体は黒くて細長い。
- 触角は4節で、第1節は第2節、3節の和より長い。
- 結合板突起（——▶）はとげ状で長い。
- ♂尾端腹面の中央に三角状隆起（——▶）がある。

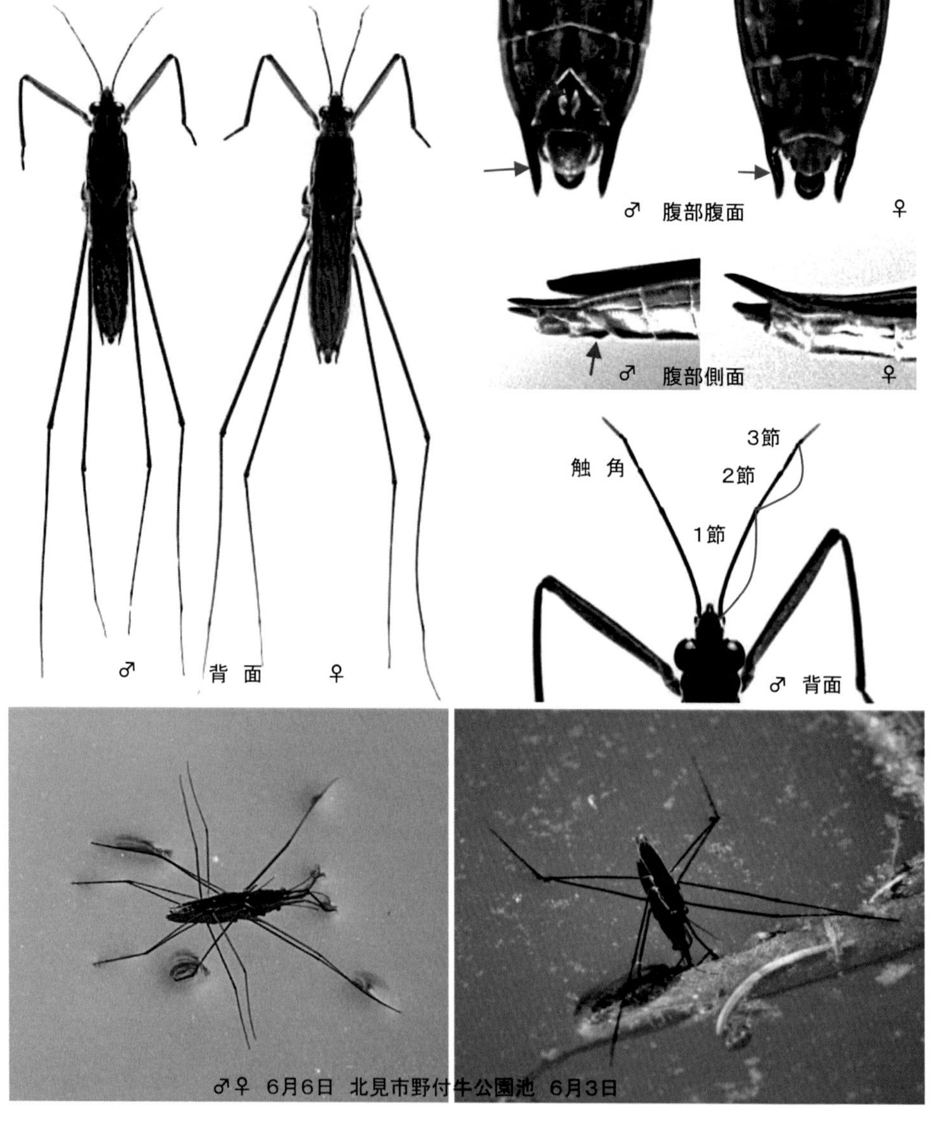

♂　背面　♀

♂　腹部腹面　♀

♂　腹部側面　♀

♂　背面

♂♀　6月6日　北見市野付牛公園池　6月3日

1−B　セアカアメンボ

Limnoporus genitalis (Miyamoto)

北見地方では、小清水町濤沸湖畔の人工池でババアメンボに混ざって1♀を採集したのみで、後は上川町浮島湿原、弟子屈町砂湯で採集している。北見市周辺の池や沼にはほとんど生息していない。記録によると平地の池、沼に、春から秋まで見られるが、北海道には少なくサハリンに多産する。

- 体長12〜15mm。
- 体は赤みの強い褐色で細長く、頭部は黒味を帯び、前胸背の前葉上（ ──▶）に1対の黒斑がある。
- 触角は4節で、第1節は第2節、3節の和より短い。
- 結合板突起（ ──▶）はとげ状で長い。
- ♂尾端腹面の中央に、こぶ状の隆起（──▶）がある。

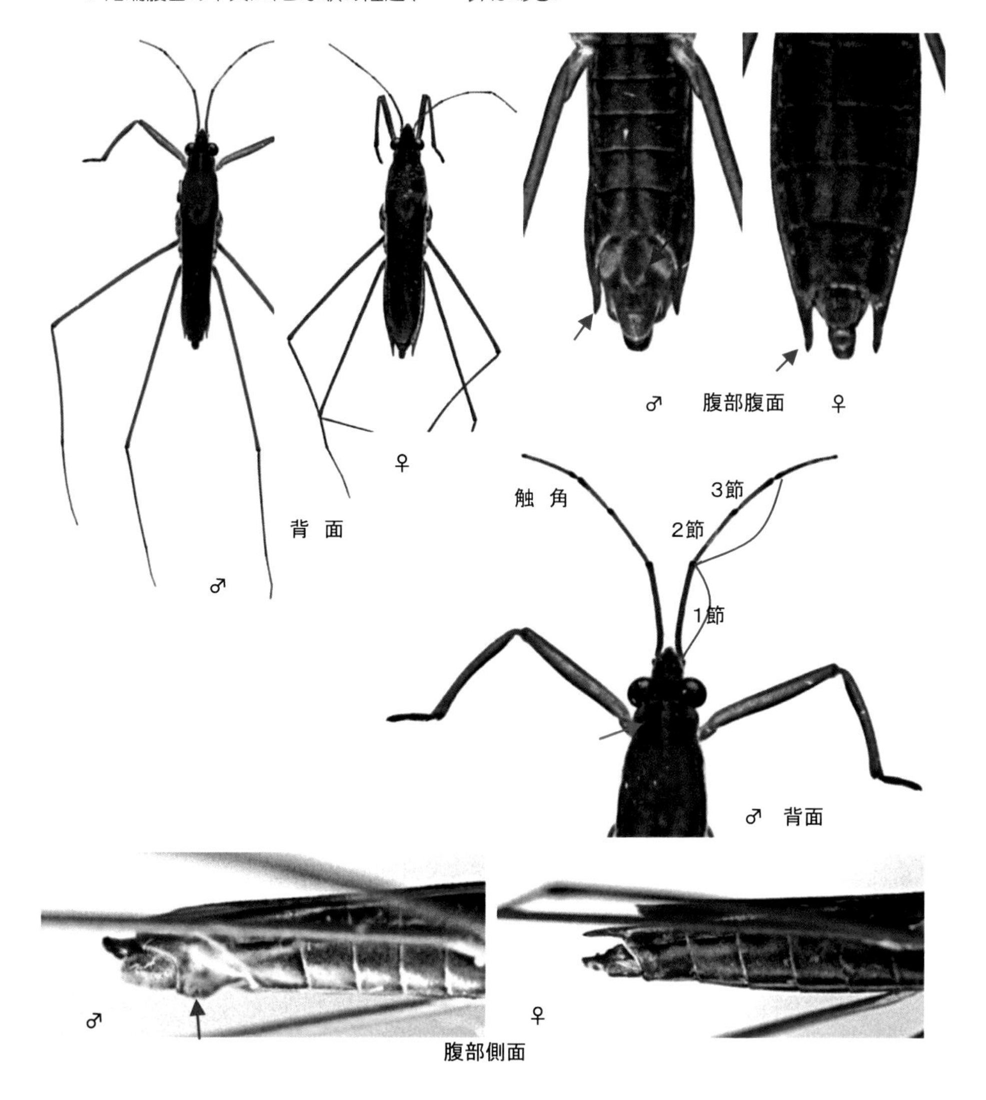

腹部側面

2－A　ヤスマツアメンボ

Gerris (*Macrogerris*) *insularis* (Motschulsky)

池や沼の水面、小川のよどみ、林道の側溝、雨でできた林道の水たまりなどで普通に見られる。コセアカアメンボ、エゾコセアカアメンボに比べると背中の赤みは少ないので、よく見ると区別できる。

- 体長9.5～13mm。
- 体はコセアカアメンボ、エゾコセアカアメンボより黒味が強い褐色で、赤味は少ない。
- 結合板後部の突出(──▶)は♂、♀ともコセアカアメンボ、エゾコセアカアメンボと比較すると最も小さい。
- ♂第7腹板中央に1対の黒色不明瞭の紋(──▶)があるのが本種の特徴。
- ♂外部生殖器末端部の硬片(──▶)は先端が2叉してY字状となる。

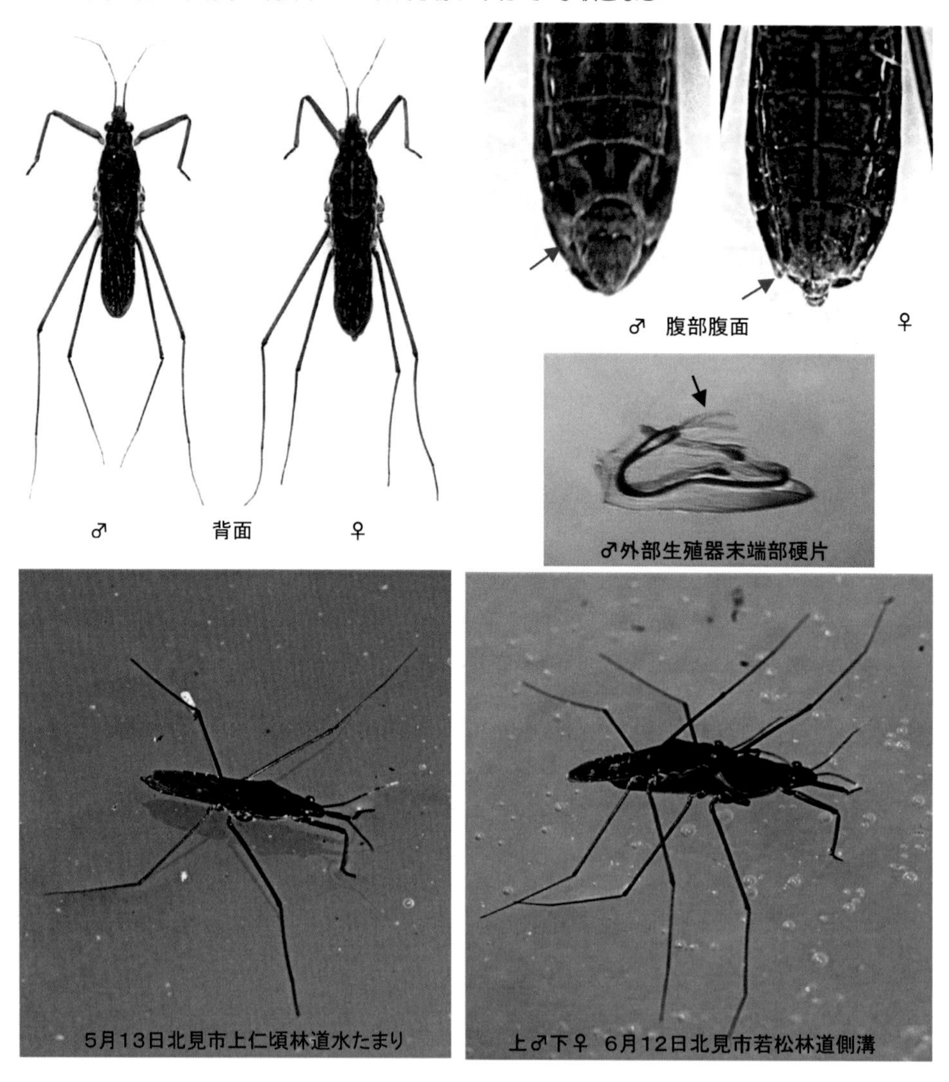

♂　背面　♀

♂　腹部腹面　♀

♂外部生殖器末端部硬片

5月13日北見市上仁頃林道水たまり

上♂下♀　6月12日北見市若松林道側溝

2−B　エゾコセアカアメンボ

Gerris (Macrogerris) yezoensis Miyamoto

春まず顔を出す種類で、春先は雪解けの水たまり(写真)、林道の側溝、小川のよどみ、池、沼などに多く見られるが、その後は池、沼では少なくなり、林道の側溝、小川のよどみなどでコセアカアメンボ、ヤスマツアメンボに混ざって採集される。

- 体長9.5〜14mm。
- 体はコセアカアメンボより暗褐色で、褐色の強い個体から黒色の強い個体まで見られる。
- 結合板後部の突出(──→)は♂、♀ともヤスマツアメンボより突出するが、コセアカアメンボよりは突出しない、先がやや外側に向く。
- 腹端部(⌒)は比較的幅が広くなり、円みが強い。
- ♂第8腹板に浅いくぼみ(──→)があり、灰色の毛がある。(コセアカアメンボと同じ)
- ♂外部生殖器末端部の硬片(──→)は鳥くちばし状で先が尖る。

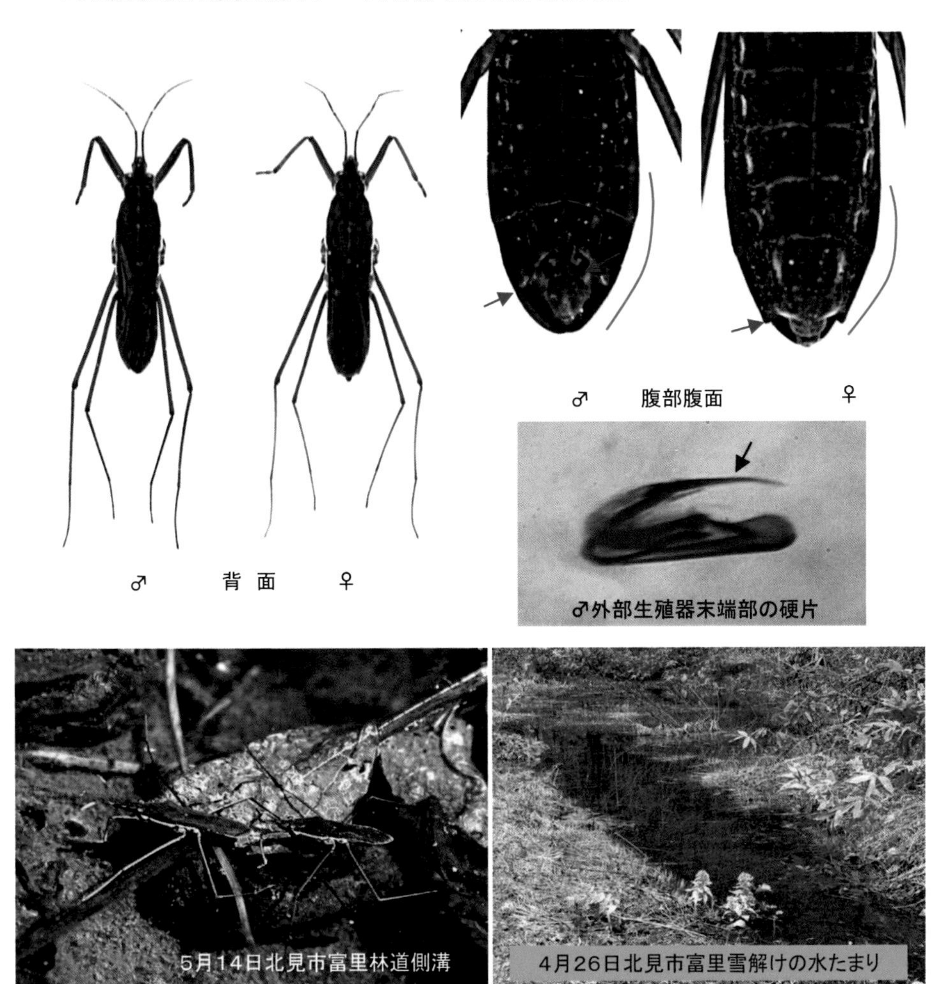

♂　背 面　♀

♂　腹部腹面　♀

♂外部生殖器末端部の硬片

5月14日北見市富里林道側溝

4月26日北見市富里雪解けの水たまり

2−C　コセアカアメンボ

Gerris (Macrogerris) gracilicornis (Horváth)

池、沼、山間部を流れる小川の流れの弱くなるよどみ、砂防ダムのたまり水など、あまり開けていない水面に多く、雨でできた林道の水たまりにも飛来し泳いでいる。平地の池、沼には少ない。

背中が赤く見え、中くらいの大きさの種類は本種とエゾコセアカアメンボ、ヤスマツアメンボが生息しているので、水面を泳いでいるのを見ただけでは区別は困難。

- 体長10～15mm。
- 体はセアカアメンボより赤味は少ないが、赤褐色で濃淡にかなりの変化がある。
- 結合板後部の突出(——▶)は♂、♀ともエゾコセアカアメンボ、ヤスマツアメンボと比較すると最も突出し、先が鋭角になる。
- ♂第8腹板に浅いくぼみ(——▶)があり、灰色の毛がある(エゾコセアカアメンボと同じ)。
- ♂外部生殖器末端の硬片(——▶)は退化して微小片となる。

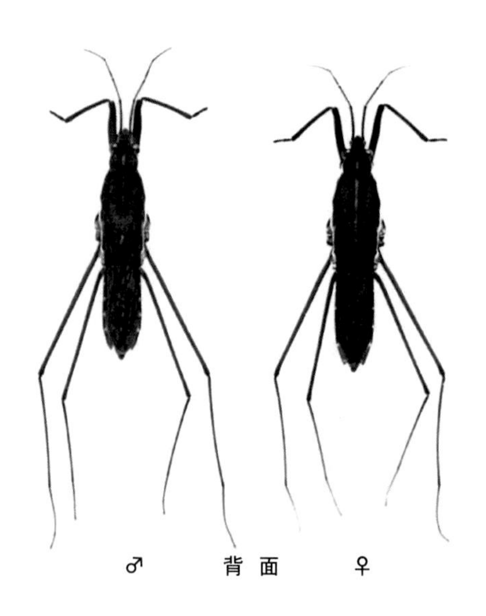

♂　　背 面　　♀

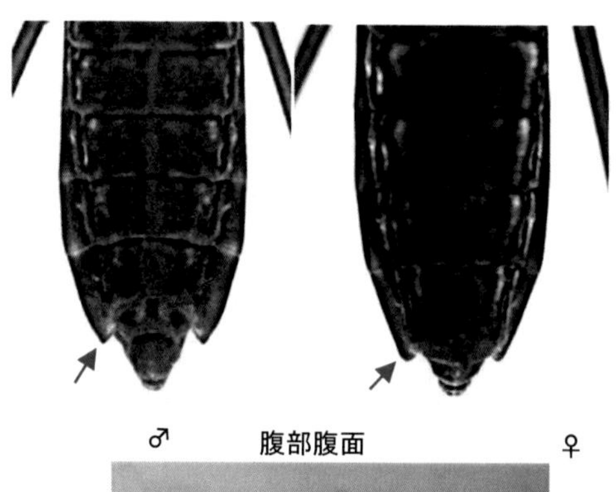

♂　　腹部腹面　　♀

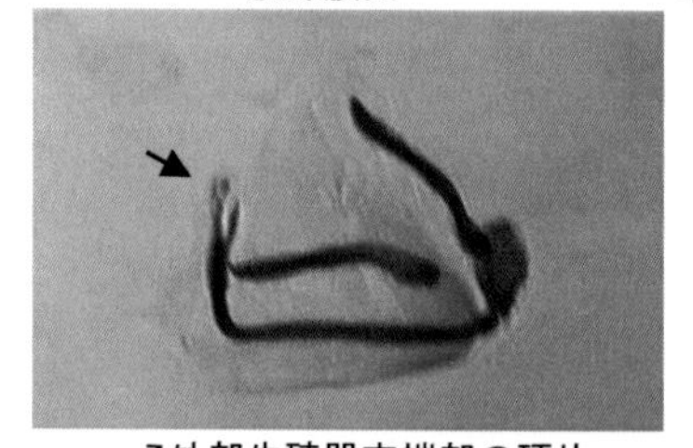

♂外部生殖器末端部の硬片

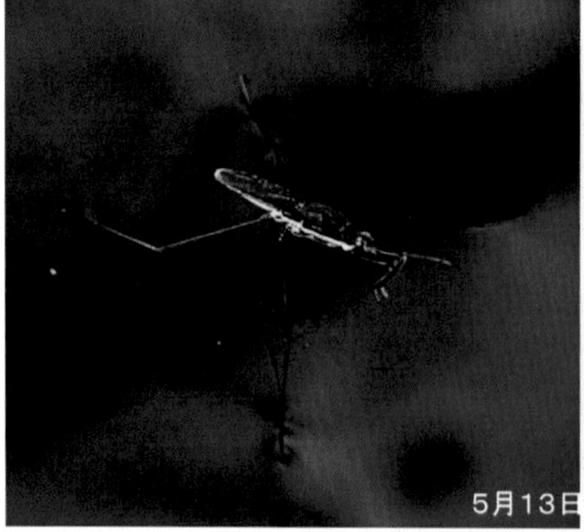

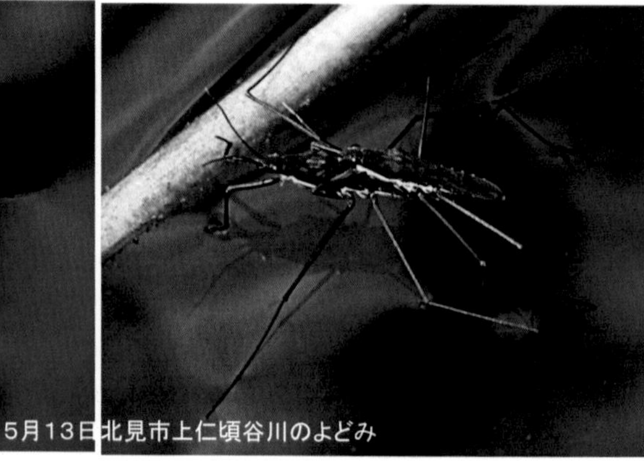

5月13日北見市上仁頃谷川のよどみ

3－A　ヒメアメンボ

Gerris (Gerris) latiabdominis Miyamoto

池、沼の岸で水草や浮遊物の浮くところで見られ、開放水面に広く出て泳ぐことは少ない。池や沼に近づくと水草や岸辺に逃げ込む、背中の黒い小さいアメンボは本種とみてよい。個体数は多く普通に見られる。

- 体長 8.5～10.0mm。　体は小型で黒色。
- 触角は第1、2節の先端部を除く部分と、第3節の1/3までが黄褐色、残る部分と第4節は黒色。
- 前脚腿節（──▶）は黄褐色の地色に、縦走する黒色条があり、腿節の基部から先端まで伸びりんかくは明瞭である。
- 腹部第2～7腹節腹面（──▶）の正中線両側が明瞭にくぼむ。
- ♂第7腹板後縁中央の湾入の形状（──▶）は半円形。
- ♀結合板後部の突出（──▶）は、後方に向かって水平に突出する。

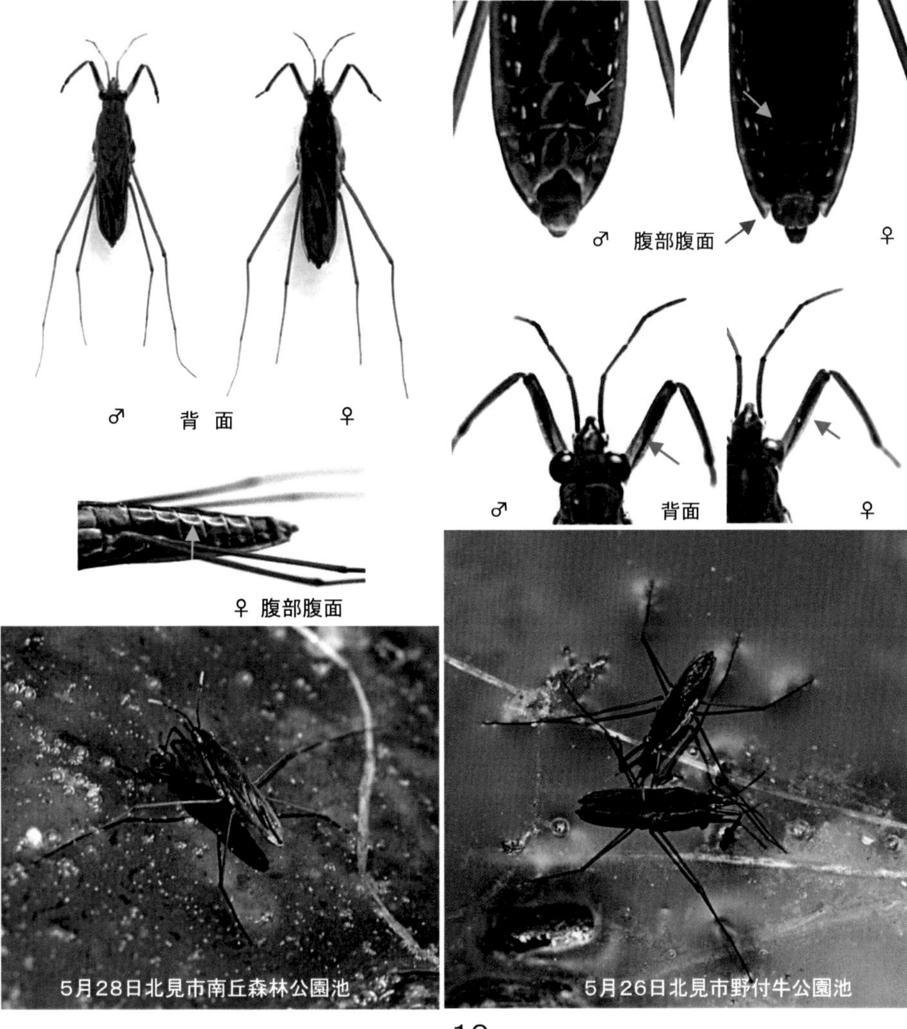

♂　背面　♀

♂　腹部腹面　♀

♂　背面　♀

♀ 腹部腹面

5月28日北見市南丘森林公園池

5月26日北見市野付牛公園池

3－B　ババアメンボ

Gerris (Gerris) babai Miyamoto

ヨシなどの生い茂っている池や沼に生息するが、生息地は限られている。北見地方では湧別町のサギ沼、小清水町濤沸湖畔の人工池（写真）で採集している。池、沼の開放水面にはアメンボは泳いでいるが、本種はヨシの間を行き来している。

- 体長6.3～8.0mm、体は小型で黒色。長翅型と短翅型が現れる。
- 触角第1･2節先端を除く部分と第3節基部が黒褐色、他の部分は黒色。ほぼ触角全体が黒色のこともある。
- 前脚腿節（──▶）は黄褐色の地色に黒色部があるが、黒色部の形は、黒条のようなものから、基部を除く大部分が黒色になるものまである。
- ♂第7腹板後縁中央の湾入の形状（──▶）は、やや円みを帯びた四角形。
- ♂第7腹板後半から第8腹板前半（──▶）にかけて顕著に凹む。
- ♀結合板後部の突出（──▶）は短く尖る。

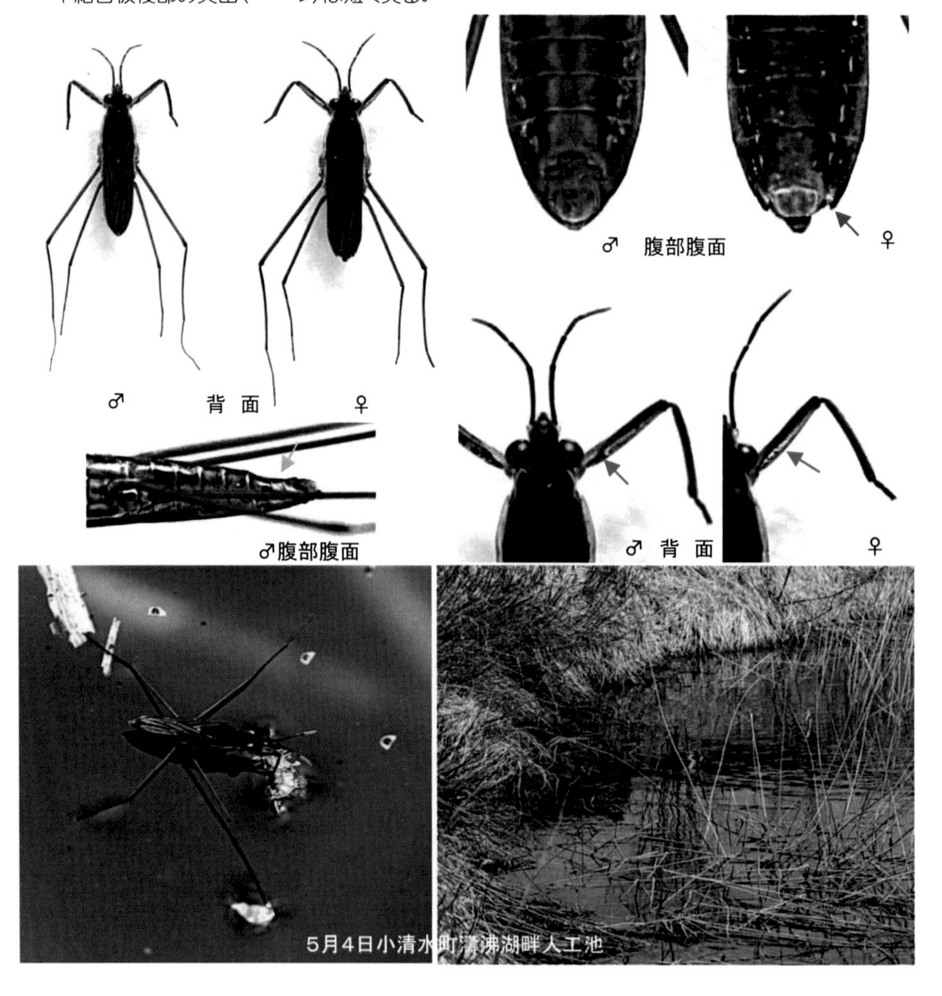

5月4日小清水町濤沸湖畔人工池

3－C　キタヒメアメンボ

Gerris (Gerris) lacustris (Linnaeus)

津別町上里奥屈斜路温泉の散策路の池で採集している。美幌町、訓子府町の山間の小川で他のアメンボに混ざって2個体採集していることから、山間部の沼、池などに生息すると考える。

- 体長7～10mm、体は小型で黒色。長翅型と短翅型が現れる。
- 触角は第1節～第4節のほとんどが黒色。
- 前脚腿節（ ——▶）は黄褐色の地色に縦走する黒条があり、腿節の長さのほぼ半分から先端に向かって伸び、中央付近では輪郭が不明瞭である。
- ♂第7腹板後縁中央の湾入の形状（——▶）は、角の円い四角形。
- ♀結合板後部の突出（——▶）は、背面後方に向かって顕著に突出する。

（※　中表紙キタヒメアメンボ生息地参照）

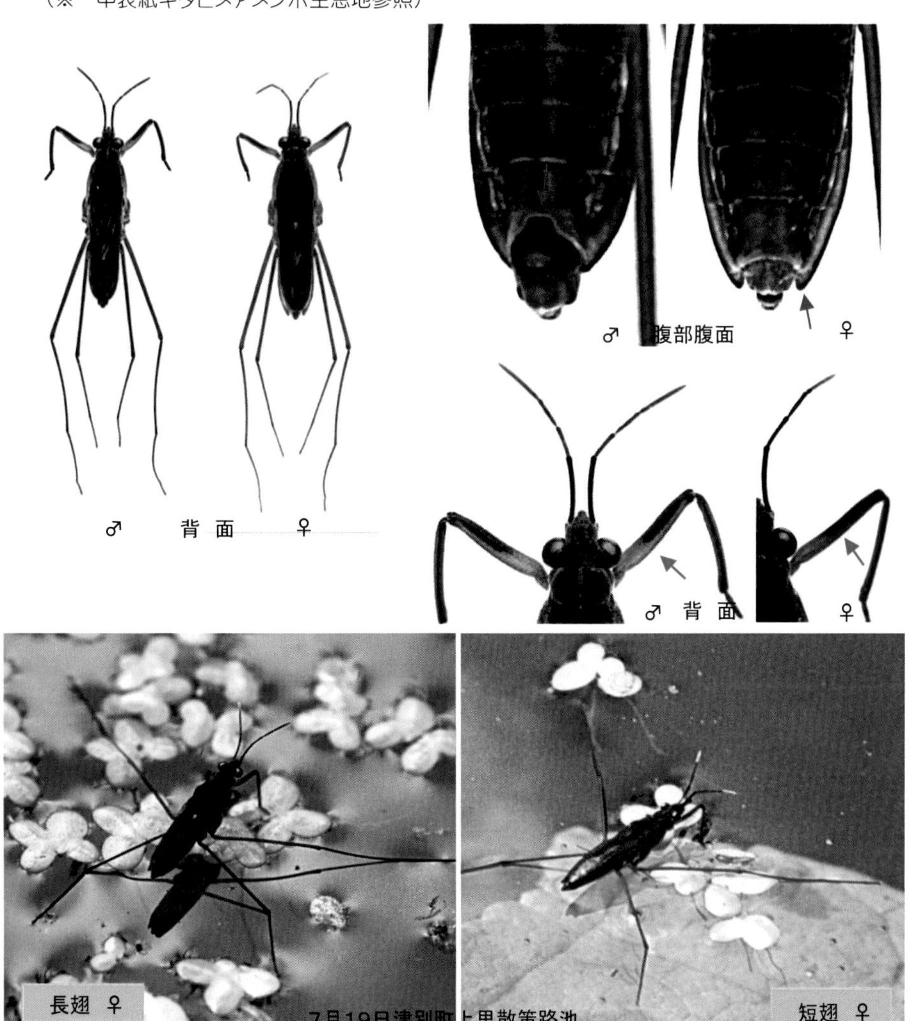

4ーA　シマアメンボ

Metrocoris histrio (White)

北見地方では北見市若松シュブシュブナイ川、美幌町栄森川の上流で採集している。山間部のフキなど草に覆われている流れの弱い谷川に生息し、流木などでせき止められてできた流水の落下点のよどみ（写真）に多く見られる。

- 体長5〜6mm。体は紡錘形、淡黄色ないし黄褐色で、複雑な黒色条紋がある。
- 頭部（──▶）は円く前方に突出し、複眼（──▶）は大きい。
- 触角は第1節（──▶）の基部は黄色、その先端部と第2･3･4節は暗褐色。
- 前脚腿節（──▶）は黄色で外側に黒色条がある。
- 長翅型は比較的まれであるが出現するという。（日本昆虫分類図説第1集第3部:北隆館）

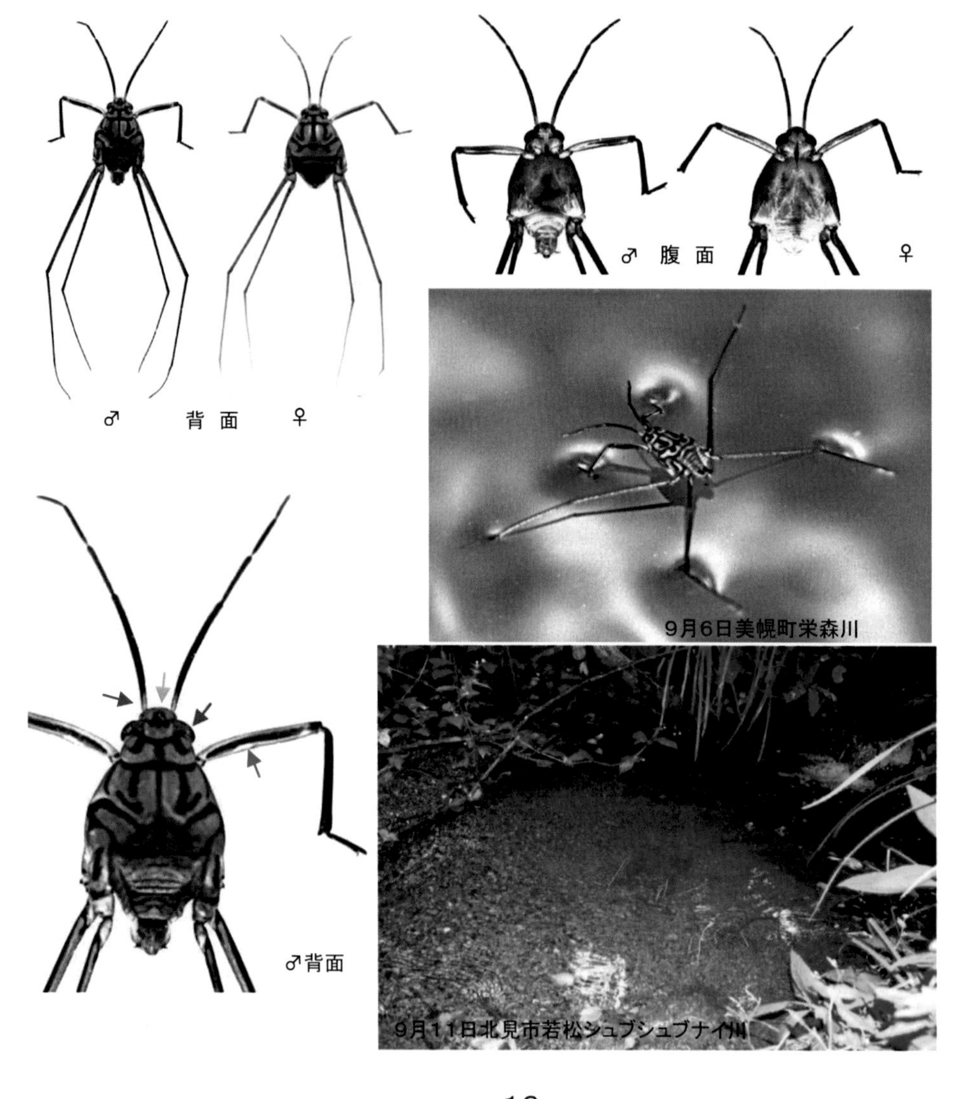

腹部先端腹面の比較（１）

ヤスマツアメンボ、エゾコセアカアメンボ、コセアカアメンボの♂腹部先端腹面の違い、結合板後部突出の比較。

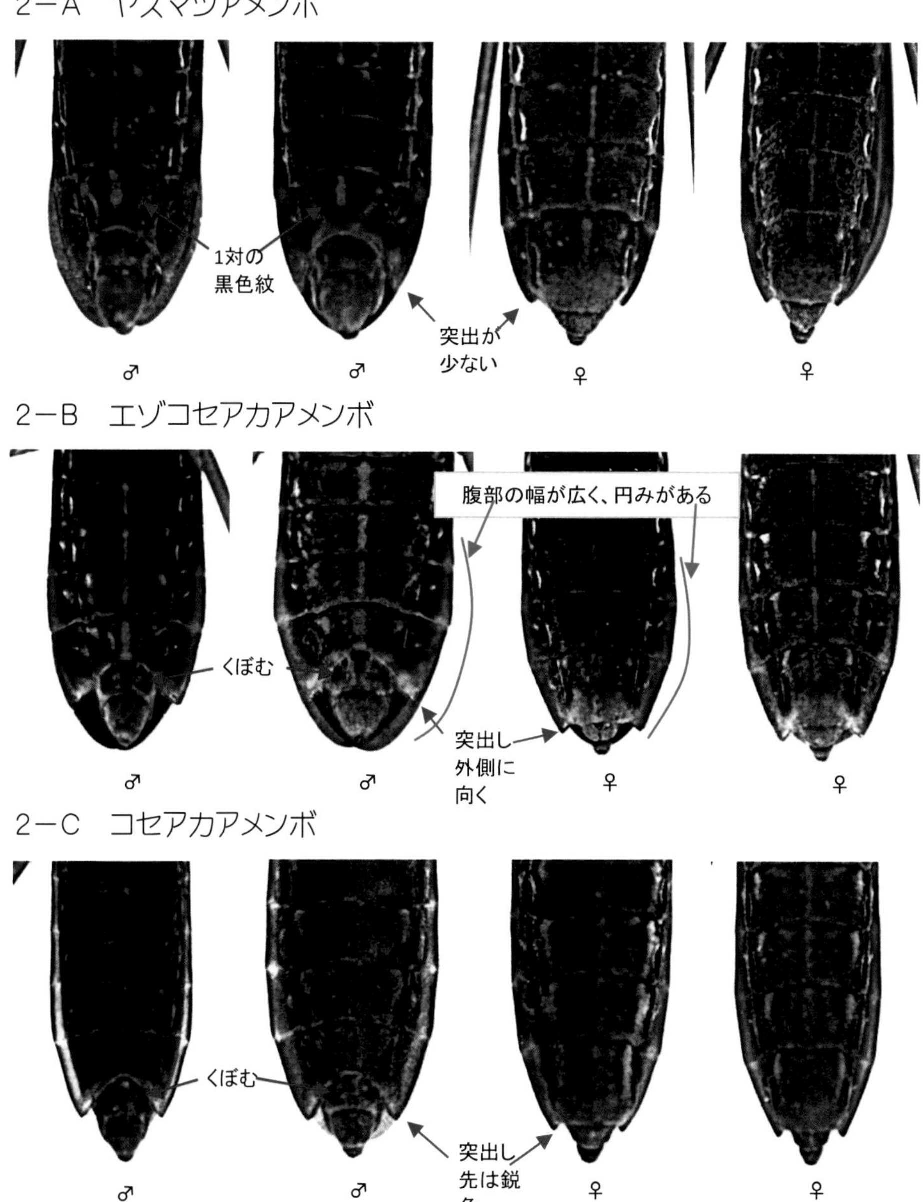

腹部先端腹面の比較（２）

ヒメアメンボ、ババアメンボ、キタヒメアメンボの♂第7腹板後縁中央の湾入の形状、♀結合板後部突出の比較。

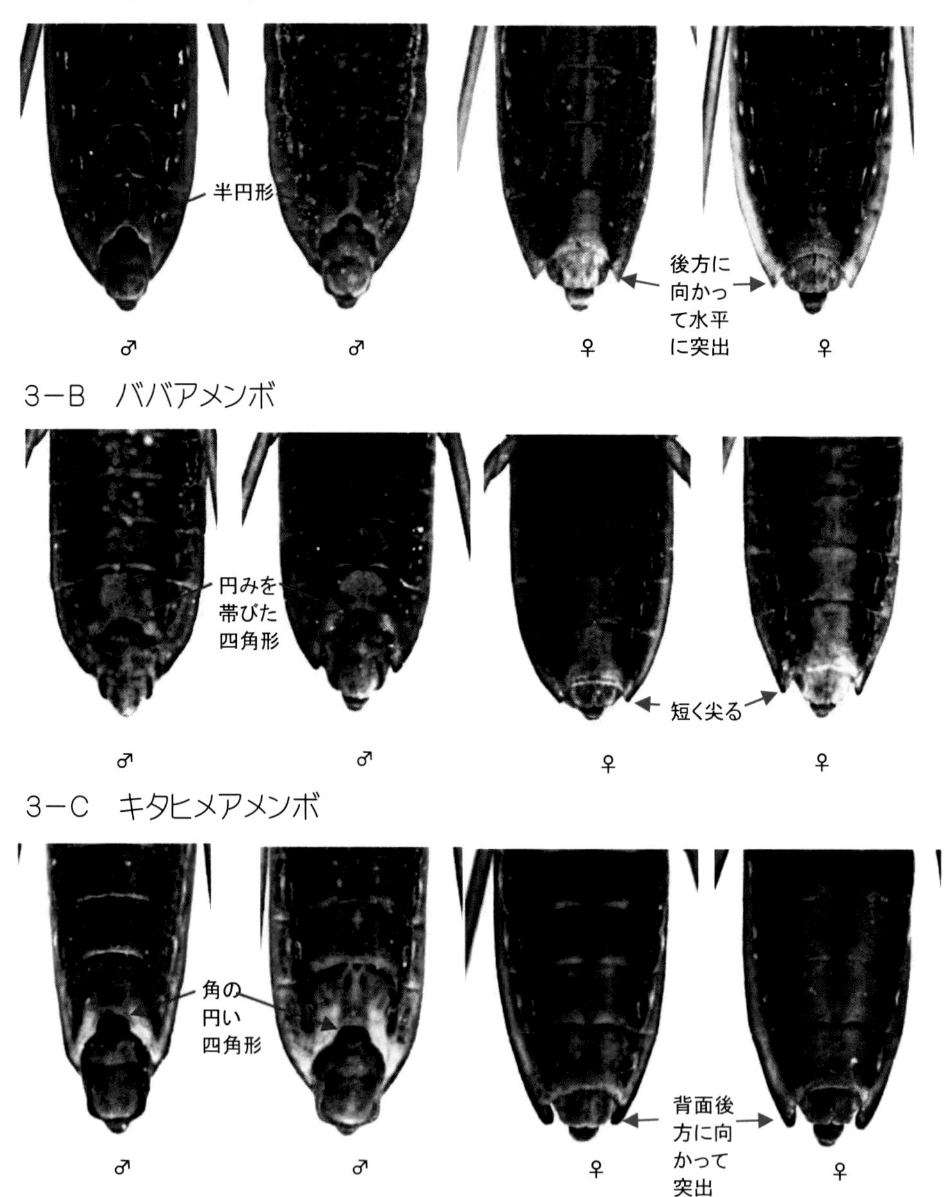

交尾器の調べ方

昆虫の種類を調べるためには、交尾器の違いを比較することはよく行われる。エゾコセアカアメンボ、コセアカアメンボ、ヤスマツアメンボの説明項目に載せたように、この3種を正確に区別するには外部生殖器末端部の硬片を比較する必要があるので、交尾器の調べ方を説明する。

◎採集して硬化する前に簡単に調べる方法

1, 生殖節より交尾器を取り出す（──▶）。

2, 交尾器の内部を伸ばし（──▶）、外部生殖器末端部の硬片（──▶）が見えるようにする。

3, 外部生殖器末端部の硬片の形で種を区別する。

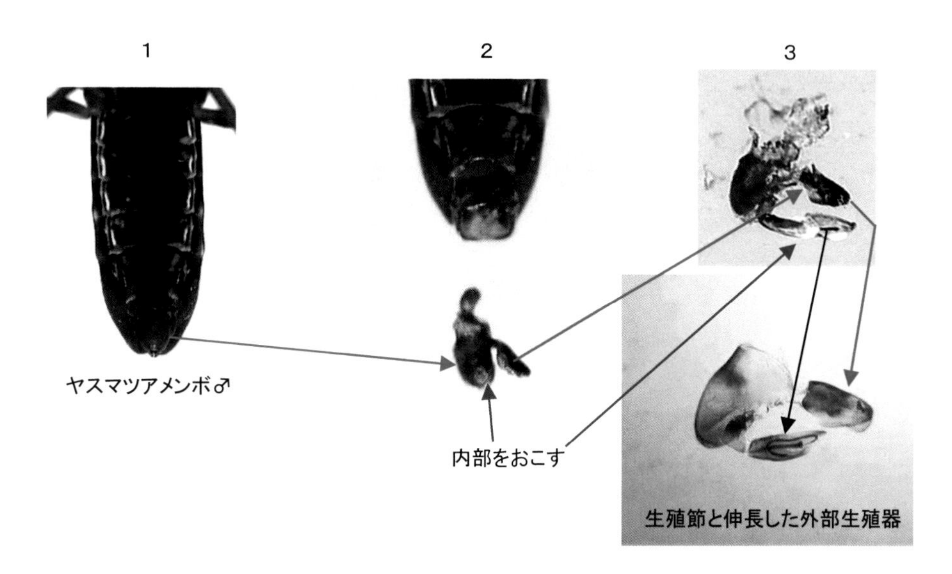

◎採集して硬化した標本を調べる方法

処理法　標本から交尾器を切り離し、水酸化カリウム水溶液（10パーセント）を用いて筋肉を軟らかくして検鏡する。

1, 腹部から交尾器を含む部分（腹部の半分くらい）を切り取る。

2, 切断した腹部を試験管に入れて水酸化カリウム水溶液を少量（2〜3cc）加え、10分くらい湯煎する。

3, 腹部を取り出し水でよく洗い、試験管にもどし水に入れておく。

4, シャーレに腹部をとり、解剖顕微鏡の下で外部生殖器末端部の硬片を取り出し検鏡する。

5, 保存する場合は、バルサムを用いて永久プレパラートにする。

北海道のアメンボ類

北海道に生息するアメンボ類は次の11種が知られている。

立川周二・堀　繁久・安野元啓　：

エサキアメンボ *Limnoporus esakii*, 北海道から新記録

(Gerridae, Heteroptera)

jezoensis No.26 1999 より引用

アメンボ科

1. *Aquarius paludum* (Fabricius)　アメンボ
2. *Limnoporus genitalis* (Miyamoto)　セアカアメンボ
3. *Limnoporus esakii* (Miyamoto)　エサキアメンボ
4. *Gerris (Macrogerris) insularis* (Motschulsky)　ヤスマツアメンボ
5. *Gerris (Macrogerris) yezoensis* Miyamoto　エゾコセアカアメンボ
6. *Gerris (Macrogerris) gracilicornis* (Horváth)　コセアカアメンボ
7. *Gerris (Gerris) latiabdominis* Miyamoto　ヒメアメンボ
8. *Gerris (Gerris) babai* Miyamoto　ババアメンボ
9. *Gerris (Gerris) lacustris* (Linnaeus)　キタヒメアメンボ
10. *Gerris (Gerris) nepalensis* Distant　ハネナシアメンボ
11. *Metrocoris histrio* (White)　シマアメンボ

北海道に生息するアメンボ類の内、北見地方で生息が確認できなかった2種について、文献を引用して特徴を説明する。

エサキアメンボ

- 体長7～10mm、体は褐色小型で美しい、長い触角と体側の銀白色軟毛が目立ち特徴的である。
- 触角は第4節が第1節より明らかに長い。
- 結合板後部の突出はとげ状で長い。
- 北海道の採集地と生息環境
  苫小牧市から千歳市にかけての湿原ウトナイ湖などから得られている。ヨシやスゲの密生した湿原環境のなかの小さな水面や草の間で活動し、解放水面には出てこない。

ハネナシアメンボ

- 体長6.5～10mm、体は黒色小型で、普通無翅であるがまれには長翅型も出現する。
- 結合板後部はとげ状に突出する。
- ♂第7腹板後縁中央の湾入は四角形に近いが、ババアメンボより幅が狭い。
- 北海道の採集地と生息環境
  釧路湿原塘路湖、シラルトロ沼などに採集記録がある。ヒシ、ジュンサイなどの浮葉植物の生育する沼や湖に生息する。

北見地方アメンボ採集記録

採集地＼種名	アメンボ	セアカアメンボ	ヤスマツアメンボ	エゾコセアカアメンボ	コセアカアメンボ	ヒメアメンボ	ババアメンボ	キタヒメアメンボ	シマアメンボ
北見市野付牛公園池	29		3	8	4	42			
北見市富里湖畔	5			1	6				
北見市北光北海学園池	3								
北見市常磐公園池	2			1		8			
北見市南丘森林公園池			1			18			
北見市川東協栄ダム	2					2			
津別町チミケップ湖畔	5		8	8	1				
津別町上里ホタル池			17		2	2		25	
紋別市シブノツナイ湖	4								
湧別町登栄床サギ沼							10		
置戸町おけと湖畔			1	3	4	2			
小清水町浜小清水人工池	4	1	3			1	19		
北見市富里谷川	2		5	31	28	9			
北見市上仁頃上仁頃川			4	2	7				
北見市美里谷川			2	4	9	3			
北見市若松谷川	4		18	7	4	8			25
北見市北陽谷川			1	1	1				
北見市中ノ島公園常呂川	3								
北見市東陵町小石川	1					3			
北見市オホーツクの森谷川			2	3	3				
北見市常呂吉野林道谷川			4		2				
北見市常呂東亜林道谷川	3		4	11	3				
北見市常呂富丘谷川			4	1					
北見市ライトコロ川河口						2			
北見市武華岳登山口谷川				1					
北見市末広町水おけ水						2			
置戸町常元谷川たまり水	2		15	8		4			
置戸町常元道路側溝					2				
訓子府町常盤谷川			3			1		1	
美幌町古梅美幌川上流					2				
美幌町栄森谷川			3	2	16	4			24
美幌町日並小川			1	6		8		1	
津別町最上谷川	1		6	2	15	5			
佐呂間町富武士小川				1					
斜里町岩尾別谷川					8	4			
斜里町越川池			4	1	2				
湧別町円山道路側溝				4					
湧別町五鹿山小川			2						
滝上町札久留雨たまり水						1			
採集頭数合計	70	1	111	106	119	129	29	27	49

※1、富里湖、チミケップ湖、おけと湖は湖面から直接採集でなく周りの湿地帯での採集。

2、富里、美里など谷川が複数あるがまとめて谷川とした。

参　考　文　献

宮本正一　：　日本昆虫分類図説　第1集　第3部　半翅目・アメンボ科　北隆館　1961

朝比奈正二郎・石原保・安松京三　他共著　：　原色昆虫大図鑑III　北隆館　1965

伊藤修四郎・奥谷禎一・日浦　勇　：　原色昆虫図鑑下　保育社　1977

飯島一雄　：　北海道東部の半翅類（iv）　－アメンボ下目、タイコウチ下目、同翅類（I）－
標茶町郷土館報告－第10号　1997

立川周二・堀　繁久・安細元啓　：　エサキアメンボ *Limnoporus esakii,* 北海道から新記録
(Gerridae Heteroplera)　jezoensis No.26　1999

乾　實　：　アメンボのふしぎ　トンボ出版　2000

中谷憲一　：　日本産陸水生アメンボ科成虫の絵解き検索　環動昆　第12巻　第4号　2001

川合貞次・谷田一三　：　日本産水生昆虫　科・属・種への検索　東海大学出版会　2005
同　上　第二版　2018

木野田君公　：　札幌の昆虫　北海道大学出版会　2006

あ　と　が　き

北網圏北見文化センターの水生昆虫調査は、常呂川水系の昆虫相を明らかにする計画で始められた事業であるが、調査地域は広く実施していない地域も多い。アメンボの生息地は山間の谷川から、林道の側溝、たまり水、河川のよどみ、池、沼、湖と広く、特にオホーツク海岸線には多くの沼、湖が点在しているため未調査のところが多い。ハネナシアメンボ、エサキアメンボなど北海道に生息している種類の生息の可能性もある。

水生昆虫調査の企画から実施、調査結果の処理、またこの冊子の内容、字句の訂正まで専門的立場から御指導いただいた北網圏北見文化センター学芸員柳谷卓彦氏。始めは種の同定もおぼつかない中、同定をお願いし御世話になった北海道開拓記念館学芸員堀繁久氏、青森県市田忠夫氏。ババアメンボ、シマアメンボの生息地に案内いただいた小清水町昆虫研究家川原進氏。ババアメンボ、その他アメンボに関する情報を提供いただいた丸瀬布昆虫館喜田和孝氏。北見の昆虫を専門的に調査されている立場から冊子の内容の吟味文章の訂正までお世話いただいた北見蝶類愛好会会長進基氏、各位に心から感謝し厚く御礼申し上げる。

2011年11月

村 松 詮 士

和名索引

※　太字は本文解説ページを示す。

北見の昆虫シリーズ　　村松のりひと著

北見の昆虫シリーズ 1　北見のチョウ　みわけかた
北見の昆虫シリーズ 2　北見のトンボ　みわけかた
北見の昆虫シリーズ 3　北見のキリギリス・コオロギ・バッタ　みわけかた
北見の昆虫シリーズ 4　北見のアリ　みわけかた
北見の昆虫シリーズ 5　北見のアメンボ　みわけかた
北見の昆虫シリーズ 6　北見のトビケラ　みわけかた

北見の植物シリーズ　　村松のりひと著

北見の植物シリーズ 1　北見のシダ
北見の植物シリーズ 2　北見のスゲなど　イグサ科・カヤツリグサ科
北見の植物シリーズ 3　北見のイネ科
北見の植物シリーズ 4　北見のヤナギ

北見の昆虫シリーズ5　北見のアメンボ　みわけかた

2022年2月11日　第1刷発行

著　者 — 村松　のりひと
発行者 — 佐藤　聡
発行所 — 株式会社 郁朋社
〒101-0061　東京都千代田区神田三崎町 2-20-4
電　話　03（3234）8923（代表）
FAX　03（3234）3948
振　替　00160-5-100328
印刷・製本 — 日本ハイコム株式会社

落丁、乱丁本はお取り替え致します。

郁朋社ホームページアドレス　http://www.ikuhousha.com
この本に関するご意見・ご感想をメールでお寄せいただく際は、
comment@ikuhousha.com までお願い致します。

ISBN978-4-87302-761-6 C0045